國寶故事 ⑤

皇帝出門啦

大駕鹵簿圖書

趙玏健 著

李蓉 繪

中華教育

國寶故事 5：
皇帝出門啦——《大駕鹵簿圖書》

趙利健 / 著
李蓉 / 繪

責任編輯：王玫
裝幀設計：李洛霖
排版：李洛霖
印務：劉漢舉

出版 / 中華教育

香港北角英皇道 499 號北角工業大廈 1 樓 B
電話：（852）2137 2338 傳真：（852）2713 8202
電子郵件：info@chunghwabook.com.hk
網址：http://www.chunghwabook.com.hk

發行 / 香港聯合書刊物流有限公司

香港新界大埔汀麗路 36 號 中華商務印刷大廈 3 字樓
電話：（852）2150 2100 傳真：（852）2407 3062
電子郵件：info@suplogistics.com.hk

印刷 / 美雅印刷製本有限公司

香港觀塘榮業街 6 號海濱工業大廈 4 字樓 A 室

版次 /2020 年 5 月第 1 版第 1 次印刷
©2020 中華教育

規格 / 正 12 開（230mm x 240mm）
ISBN/978-988-8675-40-1

文明的誕生，是漫漫長路上的不懈探索，是古老時光裏的好奇張望，是平靜歲月中的靈光一現，是市井歲月中的靈光一閃，是一筆一畫間的別具匠心。

博物館裏的文物是人類文明的見證，向我們無聲地講述着中華文明的開放包容和兼收並蓄。喚起兒童對歷史興趣的最好方式，就是和他們一起，在精采的故事裏不斷探索、發現。

本套叢書根據兒童的心理特點，以繪本的形式，將中國國家博物館部分館藏文物背後的故事進行形象化的表現，讓孩子們在樂趣中獲得知識，在興趣中分享故事。一書在手，終生難忘。

在每冊繪本正文之後都附有「你知道嗎」小板塊，細緻講解書中畫面裏潛藏的各種文化知識，讓小讀者在學習歷史知識的同時，真正瞭解古人生活。而「你知道嗎」小板塊之後的「知道多些」小板塊則是由知名博物館教育推廣人朋朋哥哥專門為本套圖書撰寫的「使用說明書」，詳細介紹每件文物背後的歷史考古故事，涵蓋每冊圖書的核心知識點，中文程度較好的小讀者可以挑戰獨立閱讀，中文程度仍在進步中的小朋友則可以由父母代讀，共同討論，亦可成為家庭增進親子關係的契機。

希望本套圖書能點燃小朋友心中對文物的好奇心，拉近小朋友與歷史的距離，成為小朋友開啟中國歷史興趣之門的鑰匙。

編者

今天是個**大日子**，好脾氣的皇帝要去郊外去祭天。

皇帝**很興奮**，天還沒亮就起了床，開開心心地準備出去玩。

5

可皇帝出門實在**太麻煩**，有人騎馬有人坐車，又要排隊又要舉旗。還有一個討厭的祭祀官，**他**來決定誰在後面誰在前。

咚——咚

遠處傳來三聲響。

「出發啦！出發啦！」
好脾氣的皇帝興奮地大喊。

咚——

「您還得再等等，大象和縣令剛過去，現在出發的是清道官。」

咚——咚——咚——

又傳來三聲響。

「還得等一等，讓金吾將軍帶領士兵走在前面，
他們舉着檢校龍旗，這個象徵着皇帝您的**尊嚴**呀！」

15

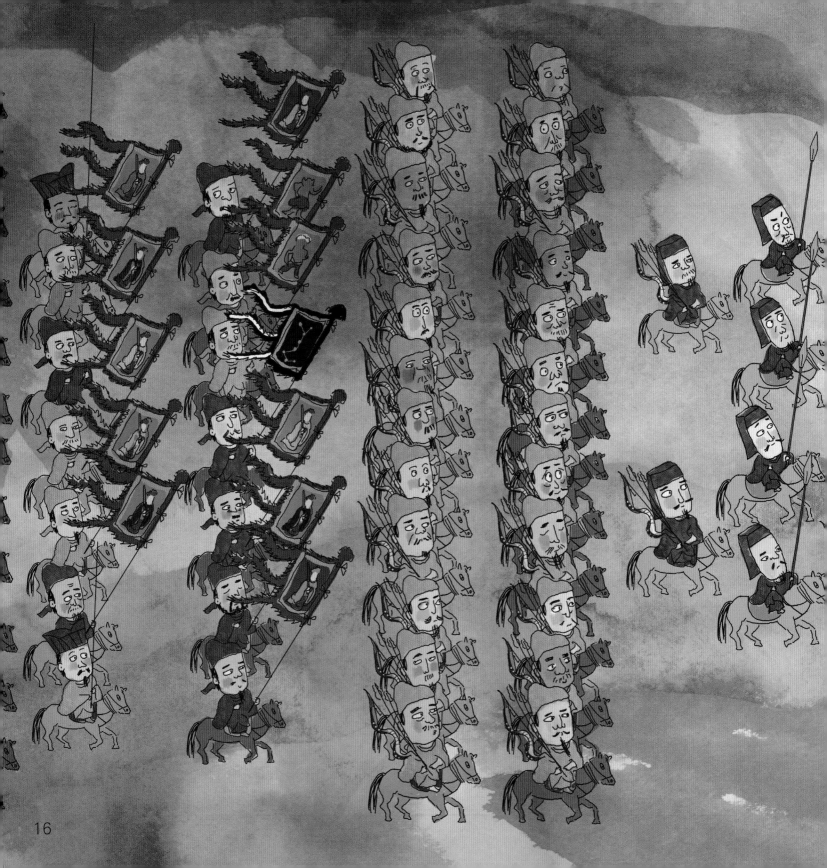

「金吾將軍出發後，就該我了吧？」
「快了快了，金吾將軍後面還有舉白澤旗、朱雀旗和十二面龍旗的隊伍呢！」

「甚麼？我不想等啦！我是皇帝，
我要走在前面。」

「您再等等……等等，還有
兩輛車一定得走在您前面。一輛是
指南車，讓咱不迷路；另一輛是
記里鼓車，幫咱記錄走了多遠。」

18

「那好吧，可為甚麼還有那麼多的車跟在指南車和記里鼓車後面？」

「那些是白鷺旗車、鸞（粵：聯｜普：luán）旗車、崇德車和皮軒車，
讓皇上您路上不被鬼怪糾纏。您再等一等，馬上就走完。」

「那到底甚麼時候才能輪到我走哇，我的肚子都餓了。」

「快了快了，您的衛隊已經出發了。」

「吃飽了就好想**睡覺**……等等，為甚麼樂隊都能走在我前面？」

24

「因為樂隊要奏樂呀，隊伍行進時他們給大家演奏，祭祀時還要把樂曲獻給天神和祖先。」

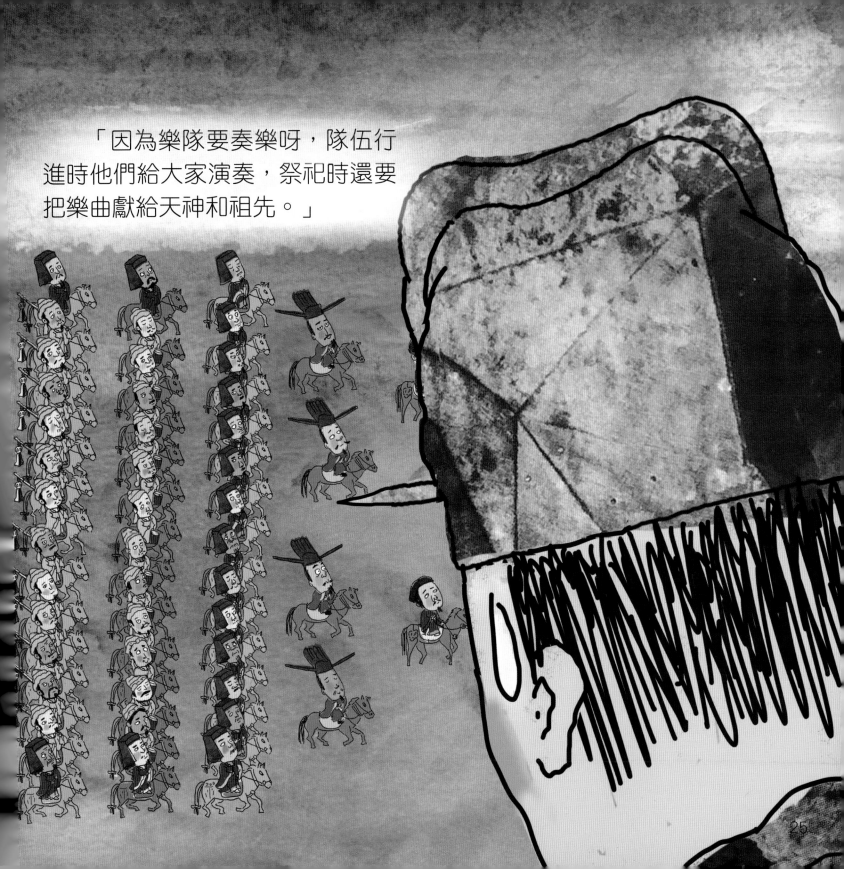

「皇上醒醒，醒醒，這些
官員走完就該我們啦。」

「哦——我沒睡着，就是
眼皮有點兒重，好像有沙子進
了裏面。」

27

出發啦——出發啦——

終於輪到皇帝出發啦！可是，好脾氣的皇帝已經流着口水**睡着了**。

祭祀官指揮着樂隊、車隊……浩浩蕩蕩的隊伍陪着皇帝去祭天。

做皇帝也不容易，出門辦點事都要有浩浩蕩蕩的隊伍陪着，花銷巨大，所以大臣們經常以勞民傷財為由請求皇帝不要隨便出門。看上去很威風的皇帝，大部分時間都只能住在皇宮裏，想離開都城去外面旅遊就更困難了，看來做皇帝也有很多遺憾呢。

至於皇帝想要出去走走到底有多麻煩，在**中國國家博物館**收藏的宋代《大駕鹵簿圖書》上你就能看到。

[宋]《大駕鹵簿圖書》局部
藏於中國國家博物館

甚麼是《大駕鹵簿圖書》

甚麼是大駕？大駕就是皇帝祭天時的儀仗。那甚麼是鹵簿呢？鹵簿的「鹵」在古代是「櫓」的通假字，意思是「大盾」「甲盾」，後來從盾的防禦功能引中為保護帝王的衛隊。因此，「鹵簿」一詞本義是記錄帝王出行時護衛、隨員及儀仗、服飾等的冊籍，後來常常用來稱呼儀仗隊本身。《大駕鹵簿圖書》就是將皇帝祭天出行時的儀仗場景記錄下來的畫卷。

長翅帽

長翅帽是宋朝官員戴的帽子，相傳是宋朝開國皇帝趙匡胤發明的。據說，趙匡胤非常討厭大臣在朝堂中交頭接耳、評論朝政，因此下令在官員的紗帽後面加上長翅。戴上這樣的帽子，官員們不要說交頭接耳了，想要並排挨着坐下都難啦！

祭天之前要做甚麼準備

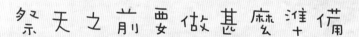

大駕鹵簿一般用於郊祀等非常重要的場合。郊祀是皇帝祭祀天地的大禮，用來祈求神明保佑江山永固、社稷安康。為了表明對神靈和祖先的虔誠，郊祀之前皇帝要沐浴、更衣，不能飲酒也不能吃肉，還要減少娛樂活動。

祭祀官手裏拿的是甚麼

　　祭祀官手裏拿的東西叫「笏（粵：忽｜普：hù）」。笏，又叫「朝笏」，也被稱為「手版」，是古代大臣上朝時拿的板子，一般用玉、象牙或竹片製成。那麼，古代的大臣為甚麼總要拿着笏呢？原來，笏上是可以寫字的，大臣把自己要對皇帝說的話或皇帝下達的命令記在笏上，防止遺忘。可以說，古代的笏就相當於現在我們用的筆記本。

弓

　　弓是一種古老的兵器，兩萬多年前就已經被原始人類使用了。弓的出現，讓我們的祖先終於可以在遠處射殺野獸，不必冒着生命危險進行「肉搏戰」了。弓的構造簡單，容易就地取材，重量又輕，因此一直被古代軍隊廣泛使用。

弩

　　這種兵器叫弩，它比弓的穿透力更強，而且不需要邊瞄準邊拉弓，新手也可以用它準確地阻擊和射殺敵人。在冷兵器時代，弩一直是比較先進的武器，直到近代槍炮出現後，弩才逐漸退出歷史舞台。

矟

矟（粵：朔｜普：shuò），又叫「槊」，是一種由矛和棒演變而來的兵器。這種兵器遠遠長於普通的矛和棒，人們既可以持矟衝鋒，又可以舞矟橫掃，十分適合乘坐在馬上的作戰。

指南車

指南車也叫「司南車」，是古代的「導向車」。指南車上立着個木人，它伸着一隻手，不管車子往哪個方向行進，木人的手始終指向南方。

記里鼓車

　　記里鼓車可以說是古代的「的士」，這種車在漢代就已經出現，車上設有拿着鼓槌的木人和鼓。記里鼓車每走一里，車上的木人就會用鼓槌敲打一下鼓。車上的人數着鼓聲，就能知道車子走了多遠啦！

龐大的鼓吹樂隊

　　在宋代，按照皇帝出行活動的重要性，鹵簿分為大駕、法駕、小駕、黃麾仗四等。大駕鹵簿用於郊祀等最重要的場合，規模十分龐大。畫面中，走在最前面的兩個人是鼓吹令，也是整支樂隊的「指揮」，中間部分的人是樂工，主要負責演奏金鉦、大鼓、長鳴等樂器，而最後方十二個人是歌工，主要負責歌唱。

宋朝皇帝的儀仗隊

朋朋哥哥

古時候皇帝要出門，那可不是件隨便的事情，一來是要注意安全，還得防着老百姓們偷看龍顏；二來是要講究排場，顯示出皇家的威嚴。收藏在中國國家博物館的《大駕鹵簿圖書》就向我們展示了宋朝皇帝浩浩蕩蕩的儀仗隊。這幅畫卷高 51.4 釐米，長 1481 釐米，據專家研究，這位氣派的皇帝正是宋仁宗，這是他到南郊進行郊祀時的場景。郊祀是皇帝祭祀天地的大禮，會在每年冬至日舉行，用來祈求江山永固和社稷安康。

甚麼是鹵簿

說簡單些，鹵簿其實就是皇帝出行時的儀仗隊。早在先秦時期，關於天子出行就已經發展出非常完備的儀仗扈從制度了，我們在《周禮》中也可以找到相關的記載。後來儀仗扈從制度漸漸演化出了鹵簿制度。唐人封演在《封

氏聞見記》中寫道：「鹵，大楯也……甲楯有先後部伍之次，皆著之簿籍，天子出，則案次導從，故謂之鹵簿耳。」據此我們可以瞭解到，「鹵簿」的「鹵」意思是「大盾牌」，引申為衛隊，而把這些衛隊的先後順序記錄在「簿」上，成為天子出行時儀仗扈從列隊的參考，這就是鹵簿。在宋代，按照皇帝出行的重要程度，鹵簿被分成了四個等級，其中人駕鹵簿是等級最高的，也是隨行人數最多、儀仗樂舞最完備的，是皇帝去祭祀天地時用到的儀仗隊。

皇帝坐的車長甚麼樣子

皇帝所乘坐的車是整個儀仗隊裏最為重要的，它的名字很特別，叫作玉輅。輅最早指的是綁在車轅上可以用來牽引車子的橫木，後來引申為大車，多指帝王專用的車。根據《宋史》的記載，玉輅是用四匹黑馬拉着的，馬的身上還有精緻的裝飾。對了，你猜守在玉輅旁邊的駕士有多少人呢？應該是六十四個人，是不是很氣派呢？我們再來說說車，車的裝飾也很複雜，左邊有青龍，右邊有白虎，還要用金銀和玉石做成龍鳳的形象裝飾在車身上。其實，儀仗隊裏的車輦加起來有六十一輛之多，其中六輛大紅色

的車很有意思，它們都是由四匹戴着羽毛帽子的馬拉着的。駛在最前面的是指南車，車上有個小木頭人，永遠指着南方。緊隨其後的是記里鼓車，車裏有個機械裝置，每走一里地就敲一次鼓。再後面的四輛車分別叫作白鷺車、鸞旗車、崇德車和皮軒車，它們各有不同的裝飾，比如皮軒車上就有蹲着的老虎形象。

儀仗隊裏的人真多

這儀仗隊裏有多少人呢？答案是 5481 個。這些人主要是陪同皇帝出行的文武官員，比如說大象身後的六駕馬車上就坐着六位不同級別的官員，叫作六引：最前面的是開封令，品級比較低，所以坐的是兩匹紅馬拉着的黑車，隨行的還有八位馬伕，開封令後面依次是開封牧、太常卿、司徒、御史大夫和兵部尚書，他們坐的都是四匹紅馬拉着的紅車，車上的設計也是不同的。在畫面中我們還能看到各色隨從手裏舉着的旗子，這應該是畫中最有視覺衝擊力的部分了，有畫着日月的旗子，有畫着星圖的旗子，還有畫着龍鳳的旗子……古人認為這些圖案具有各種吉祥的力量。對了，畫面中還有那麼多騎馬的官員，你知道怎麼才能看出來他們身

份的差別嗎？其實從衣服上就可以看出來。他們主要穿的是公服和朝服，官員級別不一樣，所穿衣服的顏色也是不一樣的。

有專家把這幅《大駕鹵簿圖書》描繪的場景和宋代史料裏關於鹵簿儀仗的記載做了對比，發現並不一致。比如說按照《宋史》的記載，鹵簿之中一個隊伍的人數甚至可以超過兩百人，可這幅畫作裏沒有超過五十人的隊伍，這樣看來，宋代皇帝出門的排場要遠比畫作中展現的更大。但不管怎樣，這幅《大駕鹵簿圖書》為我們研究宋代的文物典章制度提供了非常

寶貴的圖象資料。當然，我們從中看到的不僅是排場，也是皇家嚴格遵循的禮制。